FORSCHUNGSBERICHTE DES LANDES NORDRHEIN-WESTFALEN

Nr. 2134

Herausgegeben im Auftrage des Ministerpräsidenten Heinz Kühn
von Staatssekretär Professor Dr. h. c. Dr. E. h. Leo Brandt

D .-Chem. Dr. rer. nat. Hans Günther Fröhlich

Forschungsinstitut der Hutindustrie e. V., Mönchengladbach

Ermittlung chemischer und physikalischer Kennzahlen von filzfähigen Tierhaaren mit der besonderen Berücksichtigung der Hutindustrie

Springer Fachmedien Wiesbaden GmbH 1970

ISBN 978-3-663-20023-9 ISBN 978-3-663-20378-0 (eBook)
DOI 10.1007/978-3-663-20378-0

Verlags-Nr. 012134

Ursprünglich erschienen bei Westdeutscher Verlag GmbH, Köln und Opladen 1970.

Inhalt

Einleitung

Seit der ersten Veröffentlichung des Alkalilöslichkeitstestes von Harris und Brown [1] und seiner allgemeinen Verwendung als Kennzahl zur Beurteilung von Wollen als auch Tierhaaren hinsichtlich möglicher Veränderungen oder gar Schädigungen sind praktisch mehr als 30 Jahre vergangen. Heute dagegen kann die Alkalilöslichkeit als ein qualitätsbestimmendes Merkmal angesehen werden. Das gleiche gilt auch für den Cystingehalt [2].

Nach dem zweiten Weltkrieg wurde eine Reihe weiterer chemischer Untersuchungsmethoden entwickelt [3], von denen sich die Säurelöslichkeit und die Harnstoff-Bisulfitlöslichkeit bisher recht gut bewährt haben und aus diesem Grunde ebenfalls zur Charakterisierung von Wollen und Tierhaaren herangezogen werden. Weitere chemische Teste wie der Lanthioningehalt, der Cysteingehalt oder der Tryptophangehalt sollen bei unseren Untersuchungen jedoch nicht berücksichtigt werden.

Während man sich früher ausschließlich auf Erfahrungswerte aus physikalischen Messungen, wie z. B. der Zugfestigkeit, der Einzelfaserfestigkeit und dem Dehnungsverhalten, bei der Beurteilung von Wollen als auch Tierhaaren bezogen hat, werden heute in zunehmendem Maße die chemischen Kennzahlen zur Erfassung von Schäden oder sonstigen Veränderungen herangezogen. Die bisherigen Erfahrungen mit diesen chemischen Kennzahlen haben gezeigt, daß sich hiermit auch verdeckte Schäden erfassen lassen. Außerdem wurde gefunden, daß einige dieser Kennzahlen qualitätsbestimmende Eigenschaften aufweisen. Es ist daher nicht überraschend, daß die wolleverarbeitende Industrie sich dieser neuen Prüfmethoden mit bestem Erfolg bedient, wie aus zahlreichen Beiträgen aus Veröffentlichungen der Fachzeitschriften zu entnehmen ist [4].

Im Gegensatz hierzu findet man über Tierhaare* [5] allgemein nur wenige Veröffentlichungen, die sich mit der Bestimmung der chemischen Kennzahlen und deren Beziehung zu bestimmten Qualitätsmerkmalen befassen. Hier stammen die ersten ausführlicheren Untersuchungen von Satlow [6] und Fröhlich [7]. Während Satlow sich bevorzugt mit Ziegenhaar [8] und Mohair [9] befaßt hat, wurden von Fröhlich die Zusammenhänge zwischen gebeiztem Kanin- und Hasenhaar und deren verarbeitungstechnischen Eigenschaften studiert. Auf Grund der hierbei gesammelten Erfahrungen schien es wünschenswert, derartige Untersuchungen auch auf andere Tierhaare auszudehnen und für diese die wichtigsten chemischen Kennzahlen zu ermitteln, zumal die Fachliteratur auf diesem Gebiet noch sehr unvollkommen ist [10].

* Begriffsbestimmung der Tierhaare vgl. DIN 60001.

2. Probenmaterial

Die uns zur Verfügung gestellten Tierhaare (ca. 500 Gramm) wurden von Fachleuten des Tierhandels ausgewählt. Hierbei wurde darauf geachtet, daß die uns überlassenen Proben für die jeweilige Qualität und Provenienz als weitgehend repräsentativ angesehen werden können. Eine spezielle Reinigung – außer einem zweimaligen Krempeln auf einer Laborkrempel und bei Kanin- und Hasenhaar ein zweimaliges Blasen – wurde nicht mehr vorgenommen. Die Proben wurden also im Anlieferungszustand für unsere Untersuchungen verwendet. Im einzelnen wurden ausgewählt:

8 Ziegenhaare (4 Schur- und 4 Gerberziegenhaare)
5 Kälberhaare (2 geschwödet, 3 geäschert)
2 Rinderhaare (geäschert)
10 Mohairproben
5 Kamelhaare
3 Alpakahaare
2 Kaschmirhaare
14 Angorakaninhaare
6 Kaninhaare (Zahmkanin)
2 Wildkaninhaare
3 Hasenhaare

Bevor wir die einzelnen Tierhaarqualitäten in der Tab. 1 vostellen, sollen noch einige Angaben über die Gewinnung der Haare als auch den Aufbau derselben mitgeteilt werden. Was die Gewinnung anbelangt, so erfolgt diese beim lebenden Tier durch Rupfen, Kämmen oder Scheren, während die Haare von den Fellen geschlachteter Tiere bevorzugt durch Schwöden oder Äschern erhalten werden.
Beim Äscherprozeß fallen die Haare normalerweise als Nebenprodukt an. Hierbei werden die Felle in eine Suspension aus Ätzkalk und Schwefelnatrium 1–2 Tage eingelegt, während beim Schwöden auf die Fleischseite der Felle eine Paste, bestehend aus denselben Chemikalien (Ätzkalk und Schwefelnatrium) aufgestrichen wird. Nach einigen Stunden sind die Haare soweit gelockert, daß sie entfernt werden können. Das Schwöden unterscheidet sich also vom Äschern nur durch die Art der Anwendung der Haarlockerungsmittel. Während beim Äscherverfahren die Haare mit den haarlockernd wirkenden Chemikalien in engem Kontakt sind und je nach der Dauer der Behandlung und der Konzentration der Chemikalien mehr oder weniger stark geschädigt werden, fallen beim Schwöden die Haare praktisch ungeschädigt an, wenn man von der natürlichen Bewetterung auf dem Tier absieht.
Kanin- und Hasenhaar wird dagegen durch Scheren der Felle auf Schermaschinen erhalten. Zu diesem Zweck werden die Felle von Kopf, Schweif, Pfoten sowie Fett- und Fleischresten befreit, angefeuchtet und nach einer bestimmten Liegedauer maschinell gestreckt. Die so vorbereiteten Felle werden durch Schermaschinen gegeben, die mit rotierenden Messerwalzen ausgerüstet sind, so daß hierbei die Haut vom Haar getrennt wird, und diese als Vlies anfallen.
Was den chemischen und morphologischen Aufbau der Tierhaare anbelangt, so bestehen hier viele Ähnlichkeiten mit der Wolle. Dies gilt auch für den Faseraufbau in Ortho- und Parakortexzellen als auch den Aufbau der Kutikulazellen. Einen durchgehenden Markkanal zeigen die Angorakanin- sowie Wild- und Zahmkaninhaare (Hasenrückenhaar ist praktisch markfrei), während die feinen Kaschmir-, Alpaka- und

Kamelhaare markfrei sind. Die groben Haare dieser Tiere sind dagegen markhaltig. Die Markzeile selbst ist zumeist unterbrochen. Für Ziegenhaar, Kalb- und Rinderhaar gilt dasselbe. Auch hier sind die groben Haare zumeist markhaltig.

3. Durchgeführte Untersuchungen

3.1 Chemische Teste*

3.1.1 Alkalilöslichkeit nach Harris [11]

3.1.2 Säurelöslichkeit nach Zahn [12]

3.1.3 Harnstoff-Bisulfitlöslichkeit [13]

3.1.4 Cystingehalt [14]

3.2 Physikalische Teste

3.2.1 Wasserrückhaltevermögen (Quellung) nach dem Zentrifugenverfahren

Die Proben werden hierfür 24 Stunden in destilliertes Wasser, Flotte 1 : 100, eingelegt und bei Zimmertemperatur belassen. Anschließend wird 3 Minuten bei 3500 U/min geschleudert und bei 105°C getrocknet.

3.2.2 Sorptionsvermögen unter Normbedingungen

Sorption bei 65% rel. Luftfeuchte und 20°C (Normklima) durch Auslegen der Proben während 72 Stunden [15].

3.2.3 Filzvermögen in Anlehnung an den Aachener Schütteltest

Schütteldauer 60 Minuten bei pH 2 [16].

3.2.4 Bestimmung der Stapellänge

Faserlänge nach dem Stapelziehverfahren nach Zweigle [17]. Häufigkeits- und Gewichtsstapel mit Variationskoeffizient.

3.2.5 Bestimmung der Feinheit

Feinheit (Haardurchmesser) nach der Mikroprojektionsmethode [18].

3.2.6 Bestimmung des Fettgehaltes

Fettgehalt nach der Dichlormethanmethode [19].

3.2.7 Zugversuche, trocken und naß

Zugversuche (Reißkraft und Reißdehnung, trocken und naß) auf einem Gerät mit konstanter Dehnungszunahme (Fafegraf 4) bei 10 mm Einspannlänge. Je Probe 100 Einzelversuche.

* Die in den Tabellen aufgeführten Werte sind Mittelwerte aus jeweils drei Einzelbestimmungen.

4. Ergebnisse

Die im einzelnen erhaltenen Ergebnisse der chemischen und physikalischen Untersuchungen an den verschiedenen Tierhaaren sind in den Tab. 2–5 zusammengefaßt:

Tab. 2 Chemische Kennzahlen, wie Cystingehalt, Alkali-, Säure- und Harnstoff-Bisulfitlöslichkeit.

Tab. 3 Physikalische Kennzahlen, wie Wasserrückhaltevermögen (Quellung), Sorption im Normklima und Filztest.

Tab. 4 Physikalische Kennzahlen (Fortsetzung), wie Feinheit, Reißdehnung und Zugfestigkeit (trocken und naß).

Tab. 5 Physikalische Kennzahlen (Fortsetzung), wie Stapelbestimmung, Variationskoeffizient der Faserlängen und Kurzfasernateil bis 10 mm Faserlänge.

5. Auswertung und Diskussion

5.1 Grobe Tierkörperhaare, Ziegenhaar

Wenn wir zunächst einmal die chemischen Löslichkeiten und den Cystingehalt der Ziegenhaare betrachten (vgl. Tab. 2), so finden wir bei den Schurziegenhaaren im Vergleich zu den Gerberziegenhaaren geringere Unterschiede zwischen den einzelnen Werten. Die Aussagekraft der Mittelwerte ist daher bei den Schurziegenhaaren größer, verglichen mit denen der Gerberziegenhaare. Wenn wir berücksichtigen, daß letztere zum Zwecke der Gewinnung einer chemischen Behandlung unterworfen wurden, so ist die stärkere Streuung bei den Einzelwerten nicht verwunderlich, zumal ja mit einer unterschiedlichen Einwirkung während des Äscherprozesses zu rechnen ist. Die niedrigen Alkali- und Harnstoff-Bisulfitlöslichkeiten sind eine Folge der alkalischen Enthaarungsflotte.

Bei der Betrachtung des Cystingehaltes finden wir bei den Schurziegenhaaren nur geringe Streuungen trotz ihrer verschiedenartigen Herkunft. Der Mittelwert liegt bei ca. 10,5%. Ähnlich verhält es sich auch mit den verschiedenen Löslichkeiten. Hier weist die Harnstoff-Bisulfitlöslichkeit einen erstaunlich geringen Streubereich auf. Im einzelnen finden wir für die Alkalilöslichkeit einen Mittelwert von 14,9%, für die Säurelöslichkeit einen solchen von 9,9% und für die Harnstoff-Bisulfitlöslichkeit einen Wert von 43,6%. Merklich größere Streuungen beobachtet man bei den Gerberziegenhaaren, wie aus der Tab. 2 zu ersehen ist. Dieser Befund beruht auf der chemischen Einwirkung während des Äscherprozesses. Trotz der geringeren Aussagekraft der Mittelwerte sind diese immer noch wertvoll, da sie einen Aufschluß über die mittlere Lage der chemischen Löslichkeiten sowie der hieraus abgeleiteten Kennzahlen geben.

In der Tab. 6 haben wir die von Satlow [8] veröffentlichten Mittelwerte mit Vertrauensbereich für 7 Schur- und 7 Gerberziegenhaare den Mittelwerten unserer eigenen Untersuchungen gegenübergestellt. Wie wir sehen, zeigen die Mittelwerte eine zum Teil erstaunlich gute Übereinstimmung. Hieraus schließen wir, daß die Festlegung chemischer Kennzahlen für Ziegenhaare durchaus möglich ist und zum Zwecke der Beurteilung der jeweiligen Haarqualität auch wünschenswert wäre. Dem Hinweis von Satlow, wonach hierfür vor allem der Cystingehalt als auch die Harnstoff-Bisulfit-

löslichkeit geeignet wären, schließen wir uns voll an. Was unsere Angaben in der Tab. 6 anbelangen, so haben wir uns mit den jeweiligen Mittelwerten begnügt, da wir ja nur je 4 Ziegenhaarproben untersucht hatten und uns diese Anzahl für eine statistische Auswertung für zu gering erschien.
Wichtige physikalische Eigenschaften der untersuchten Haare haben wir in den Tab. 3–5 zusammengefaßt. Beim Ziegenhaar findet man ebenfalls deutliche Unterschiede zwischen Schur- und Gerberziege. Das chemisch vorbehandelte Haar weist eine höhere Quellung auf, besitzt einen höheren Kurzfaseranteil (Haare unter 10 mm Länge), hat eine kürzere mittlere Stapellänge und eine geringere Zugfestigkeit. Das Filz- und Walkvermögen wird dagegen durch den Äschervorgang merklich verbessert. Aus diesem Grunde besitzen die Gerberziegenhaare, wie aus den Ergebnissen des Aachener Schütteltestes zu ersehen ist, auch ein besseres Filzvermögen, d. h. sie ergeben eine kleinere und festere Filzkugel.
In der Tab. 7 bringen wir nochmals einen Vergleich mit den von Satlow [8] an Ziegenhaaren erhaltenen physikalischen Prüfergebnissen. Wie wir diesem Vergleich entnehmen können, besteht zwischen den von uns und den von Satlow gefundenen Werten eine recht gute Übereinstimmung. Dies trifft vor allem für die Zugfestigkeit, die Stapellänge und den Kurzfaseranteil zu, während bei den Werten für das Wasserrückhaltevermögen, die Sorption und vor allem die Feinheit die Übereinstimmung weniger gut ist, wenn auch die relative Verschiebung der Werte gut übereinstimmt. Die unterschiedlichen Ergebnisse bei der Sorption und dem Wasserrückhaltevermögen führen wir darauf zurück, daß wir, im Gegensatz zu Satlow, kein isoionisch eingestelltes Fasermaterial verwendet haben. Beim Vergleich der mittleren Feinheiten, deren Ergebnisse weit außerhalb der Fehlergrenze liegen, führen wir die Unterschiede möglicherweise darauf zurück, daß Satlow ausschließlich die feineren, markfreien Ziegenhaare gemessen hat, während wir auch die markhaltigen, groben Haare berücksichtigt hatten. Sieht man von den durch unterschiedlich vorbehandeltes Fasermaterial abweichenden Ergebnissen ab, so ist die gefundene Übereinstimmung als gut zu bezeichnen.

5.1.1 Kälber- und Rinderhaare

Bei den Kälber- und Rinderhaaren handelt es sich immer um chemisch gewonnene Haare. Ein Rupfen oder Scheren ist hier unbekannt. Der Unterschied zwischen geäschertem und geschwödetem Haar – letzteres Verfahren ist besonders haarschonend – kommt vor allem in den Ergebnissen der Cystinanalyse und der Alkalilöslichkeit zum Ausdruck, wie die Ergebnisse der Tab. 2 zeigen. So zeigen die geschwödeten Haare merklich höhere Cystinwerte und höhere Alkalilöslichkeiten. Bei der Säurelöslichkeit sowie der Harnstoff-Bisulfitlöslichkeit sind die Unterschiede zwischen dem geschwödeten und dem geäscherten Haar dagegen nur gering. Daher ist deren Aussagefähigkeit auch geringer.
Betrachten wir nun die physikalischen Eigenschaften (vgl. Tab. 3–5), so finden wir größere Unterschiede in Abhängigkeit von der Gewinnung der Haare eigentlich nur bei der Zugfestigkeit. So weisen die durch Schwöden erhaltenen Kälberhaare eine höhere Festigkeit auf, verglichen mit den geäscherten Haaren. Ebenso ist auch die Art des Äscherns in Abhängigkeit der Äscherkonzentration und der Einwirkungsdauer bei den beiden Rinderhaaren (Nr. 14 und 15) deutlich erkennbar. Das stark geäscherte Haar (Nr. 14) besitzt einen kürzeren Stapel, einen höheren Anteil kurzer Haare und zeigt eine geringere Festigkeit. Deutliche Unterschiede ergeben sich auch beim Filz- und Walkvermögen. So walken geschwödete Haare praktisch nicht, während geäscherte

Haare ein normales bis gutes Walkvermögen aufweisen, wie die Ergebnisse der Tab. 3 zeigen. Führt man dagegen den Äscherprozeß ohne Rücksicht auf das Haar durch, so fällt das Filz- und Walkvermögen deutlich ab, da das Haar hierbei zu sehr chemisch geschädigt wird und den mechanischen Beanspruchungen beim Filz- und Walkprozeß nicht mehr gewachsen ist.

Zusammenfassend zeigen die an groben Tierkörperhaaren durchgeführten Untersuchungen deutliche Unterschiede nicht nur in Abhängigkeit von der Provennienz, sondern vor allem auch von der Art ihrer Gewinnung. Trotz der teilweise deutlichen Streuung in den Einzelwerten führen die jeweils berechneten Mittelwerte zu brauchbaren Werten, denen teilweise qualitätsbestimmende Eigenschaften zukommen. Bei den chemischen Kennzahlen erscheint uns die Kenntnis des Cystingehaltes von Bedeutung. Daneben spielt möglicherweise noch die Harnstoff-Bisulfitlöslichkeit eine Rolle, während die Alkalilöslichkeit von geringerer Aussagekraft zu sein scheint, speziell wenn die Haare durch Schwöden oder Äschern erhalten werden. Dies gilt in etwa auch für die Säurelöslichkeit, die unseres Erachtens nicht empfindlich genug ist.

Aus der Höhe des Cystingehaltes lassen sich vor allem Hinweise über das Walkvermögen und die Zugfestigkeit ableiten. Letztere fällt mit abnehmendem Cystingehalt, während das Walkvermögen ansteigt, um dann bei zu niedrigen Cystinwerten (unter 3%) stark abzufallen.

Bei einem Vergleich der Gewinnungsarten der groben Tierkörperhaare zeigt sich, daß der Schwödprozeß die Eigenschaften der erhaltenen Haare nur unbedeutend ändert im Gegensatz zum Kalkäscherverfahren. Das Scheren ist natürlich am schonendsten, wird jedoch nur bei Ziegen angewandt. Inwieweit nun die Verarbeitungsfähigkeit der Tierhaare in der Praxis durch Veränderungen der chemischen und physikalischen Kennzahlen beeinflußt wird, läßt sich nun auf Grund der vorliegenden Untersuchungsergebnisse noch nicht verbindlich beurteilen, da uns Ergebnisse aus der Praxis nicht in ausreichender Zahl zur Verfügung stehen. Wir können jedoch darauf hinweisen, daß die Kenntnis bestimmter Kennzahlen (Cystingehalt, Alkalilöslichkeit, Harnstoff-Bisulfitlöslichkeit) wertvolle Hinweise über die Eignung der Haare zulassen. Die vorliegenden Untersuchungen sollen vor allem die Industrie ermutigen, an der Ermittlung qualitätsgebundener Kennzahlen mitzuarbeiten.

5.2 Mohair

Das Haar der Angoraziege wird ausschließlich durch Scheren erhalten, so daß wir es hier mit Haaren zu tun haben, die lediglich durch Bewetterung geschädigt sein können. Verwendet wird dieses Haar bevorzugt für Damen- und Herrenoberbekleidung in Mischung mit Wolle, für Möbelbezugsstoffe sowie modische Effekte.

Die Ergebnisse der chemischen Prüfung sind wiederum aus der Tab. 2 zu entnehmen. Wie wir sehen, findet man für die einzelnen Löslichkeiten recht deutliche Unterschiede. Dies gilt sowohl für die Alkali- und Säurelöslichkeiten als auch für die Harnstoff-Bisulfitlöslichkeiten, während die Werte für den Cystingehalt in relativ engen Grenzen liegen (10,2–10,9%). Die stärkeren Schwankungen bei den Löslichkeiten könnten vor allem mit einer unterschiedlichen Bewetterung der Haare auf dem Tier, oder aber auf Veränderungen im Schweiß oder beim Waschen der Haare zusammenhängen.

Die physikalischen Daten, wie das Wasserrückhaltevermögen, die Sorption unter Normbedingungen, der Filzwert, die Feinheit sowie die Reißkraft und die Reißdehnung haben wir in den Tab. 3 und 4 dargestellt. Wie wir sehen, liegen die einzelnen Werte für die verschiedenen Mohairproben bei weitem nicht so weit auseinander, wie dies bei den Löslichkeiten der Fall war. Wahrscheinlich reagieren die chemischen Teste empfind-

licher auf Faserschädigungen oder sonstige Veränderungen, als dies bei den physikalischen Prüfungen der Fall ist.
Wenn wir nun die einzelnen Untersuchungsergebnisse betrachten, so sehen wir, daß die Naßfestigkeiten etwa 10–25% geringer sind als die Trockenfestigkeiten, während die Dehnung im nassen Zustand um etwa 40% höher liegt als im trockenen Zustand. Bezüglich des Filzvermögens haben wir festgestellt, daß Mohair ein echtes Filzvermögen besitzt. Dieses nimmt zu, wenn die Haare verkürzt werden. Besonders günstig ist eine Länge von 2 bis 4 cm. Unterhalb von 2 cm nimmt das Filzvermögen dann wieder ab. Analoge Untersuchungsbefunde sind auch für Wolle bekannt geworden [20]. Mohair zeigt ein ähnliches Filzvermögen wie Wollen gleicher Feinheit. Das Wasserrückhaltevermögen (Quellung) in destilliertem Wasser liegt im Mittel bei 40–42% und die Feuchtigkeitsaufnahme bei Normbedingungen bei etwa 13,8%. Auch hier handelt es sich um Werte, die sich von den für Wolle vergleichbarer Feinheit erhaltenen nur wenig unterscheiden [21].
In der Tab. 5 haben wir die Ergebnisse der Bestimmungen der Stapellängen und des Kurzfaseranteiles zusammengestellt. Hierbei fällt auf, daß die ursprüngliche Faserlänge von 10 bis 12 cm durch die Aufbereitung auf einer Laborkrempel deutlich verkürzt wird. Diesen Befund, einschließlich der Werte für den jeweiligen Kurzfaseranteil bis zu 10 mm, einmal nach der Faserzahl und das andere Mal nach dem Fasergewicht, erscheint uns wichtig genug, um ihn zur Diskussion zu stellen.
Abschließend vergleichen wir die von uns ermittelten Ergebnisse mit solchen, die von Satlow [9] veröffentlicht wurden. Die in der Tab. 8 dargestellte vergleichende Gegenüberstellung der statistisch gesicherten Mittelwerte ($S = 95\%$) ergibt für die von uns und Satlow gefundenen Kennzahlen nur geringe Unterschiede, die zumeist innerhalb der statistisch gesicherten Vertrauensbereiche liegen.
Wenn wir berücksichtigen, daß Satlow seine Untersuchungen bevorzugt an Kammzügen und wir an losem Material vorgenommen haben, so lassen sich die erhaltenen Unterschiede einfach erklären. Die Gegenüberstellung als solche zeigt doch sehr deutlich, daß die Aufstellung qualitätsbestimmender Kennzahlen möglich ist und auch vorgenommen werden sollte.

5.3 Kaschmir, Alpaka und Kamel (feine Tierhaare)

Kaschmir, Alpaka und Kamelhaar werden hauptsächlich durch Rupfen, Auskämmen oder aber Scheren erhalten. Es handelt sich hier um feine Tierhaare, die vor allem für wertvolle Oberbekleidung, für Strickwaren, Decken, Schals, aber auch für Haargarne verwendet werden.
Die Ergebnisse der chemischen Prüfungen, wie die Ermittlung des Cystingehaltes sowie der verschiedenen Löslichkeiten sind in der Tab. 2 zusammengestellt. Wie wir sehen, findet man bei den Werten für die Löslichkeiten innerhalb der einzelnen Tierhaararten deutliche Unterschiede, während auch hier die Streuung für die Cystinwerte nur gering ist. Die Höhe des Cystingehaltes nimmt von Alpaka mit durchschnittlich 12,6% über Kaschmir mit 11,8% zu Kamelhaar mit ca. 10,6% ab. Die gefundenen Unterschiede bei den Löslichkeiten sind durchaus nicht ungewöhnlich, da hier eine Vielzahl von Faktoren mitwirkt. Hierzu zählen der verschiedenartige Einfluß der Bewetterung auf dem lebenden Tier, die Jahreszeit der Gewinnung der Haare, die Durchführung der Wäsche usw. Alle diese Faktoren können die Löslichkeiten als auch den Cystingehalt merklich beeinflussen.
Die physikalischen Kennzahlen, wie das Wasserrückhaltevermögen, die Sorption, das Filzvermögen, die Feinheit, die Zugfestigkeit und die Reißdehnung sind aus den

Tab. 3 und 4 zu entnehmen. Wie wir diesen Tabellen entnehmen können, sind die Unterschiede zwischen den einzelnen Werten innerhalb der Proben der gleichen Tierart relativ gering. Eine Ausnahme bildet lediglich das Muster Nr. 35. Es handelt sich hier um ein grobes Kamelhaar. In der Tab. 5 sind die Ergebnisse für die mittlere Faserlänge, den Kurzfaseranteil und den Variationskoeffizienten der Faserlängen (Gewichtsstapel und Häufigkeitsstapel) zusammengestellt. Wie die Ergebnisse zeigen, findet man innerhalb der einzelnen Tierhaarqualitäten zum Teil recht deutliche Unterschiede, die wir auf die Aufbereitung der Proben als auch die Art der Gewinnung zurückführen. Da es sich jedoch bei diesen Eigenschaften wie Länge und Kurzfaseranteil um wichtige verarbeitungstechnische Daten handelt, ist deren Kenntnis besonders wertvoll. Ähnliches läßt sich auch von der Feinheit, der Zugfestigkeit und dem Filzvermögen sagen.

Wenn sich unsere vorliegenden Untersuchungen auch nur auf die zwei Kaschmirproben, die drei Alpakamuster sowie die fünf Kamelhaarproben beziehen, so konnten wir durch Vergleich mit anderen, aus der Fachliteratur bekannten Ergebnissen eine recht gute Übereinstimmung feststellen [9]. Aus diesem Befund kann man schließen, daß die Aufstellung von qualitätsbestimmenden Kennzahlen nicht nur möglich ist, sondern für die verarbeitende Industrie vorteilhaft wäre.

5.4 Angorakaninhaare

Angorakaninhaar ist wegen seines hohen Wärmehaltevermögens und seinem geringem spezifischen Gewicht [22] ein begehrter Textilrohstoff. So ist seine Verwendung für Rheumawäsche allgemein bekannt. Angorakanin selbst wird durch Rupfen, Scheren oder Kämmen am lebenden Tier erhalten.

Die chemischen Kennzahlen sind in der Tab. 2 zusammengestellt. Wie diese Ergbnisse zeigen, sind die Streuungen trotz der verschiedenen Herkunft der untersuchten Haare in relativ engen Grenzen. Das trifft vor allem für den Cystingehalt und die Harnstoff-Bisulfitlöslichkeit zu. Aber auch bei der Alkali- und Säurelöslichkeit sind die Schwankungen nicht allzu groß. Die statistische Auswertung ergibt somit für den Mittelwert, vor allem in Verbindung mit dem Streuungsbereich um den Mittelwert, eine aussagekräftige Kennzahl, die in Relation zu anderen Tierhaaren und Wollen gesetzt werden kann (vgl. Tab. 9).

In den nachfolgenden Tab. 3–5 haben wir die physikalischen Prüfungsergebnisse aufgezeigt. Auch hier liegen die Streuungen in brauchbaren Grenzen. Während die Werte für die Feuchtigkeitsaufnahme unter Normbedingungen als auch für das Filzvermögen nur geringfügig streuen, finden wir für die mittlere Feinheit Werte zwischen 12 bis 15 Mikron, je nach der Provenienz. Ähnliches gilt auch für das Wasserrückhaltevermögen, wo wir Werte zwischen 45–62% finden. Diese Streuungen scheinen ebenfalls mit der jeweiligen Provenienz zusammenzuhängen. Trotzdem können auch in diesen Fällen die erhaltenen Mittelwerte in Verbindung mit der Streuung um den Mittelwert als aussagekräftige Kennzahl angesehen werden, wie aus der statistischen Auswertung hervorgeht (vgl. Tab. 9).

Die Werte für die Trocken- und Naßfestigkeit sowie die zugehörige Reißdehnung sind aus der Tab. 4 zu entnehmen. Wie wir sehen, sind die Streuungen bei den einzelnen Werten sowohl im trockenen als auch nassen Zustand relativ gering. Wir führen diesen Befund auf die geringen Schwankungen der Faserfeinheiten zurück.

Zum Schluß seien noch einige Untersuchungen über die mittlere Faserlänge sowie den Anteil kurzer Fasern (unter 10 mm Länge) mitgeteilt. Wie die aus der Tab. 5 zu ersehenden Ergebnisse zeigen, findet man hinsichtlich der Faserlänge als auch des Kurzfaseranteiles bedeutende Streuungen. Dieser Befund ist an und für sich nicht verwunderlich, da das Angorakaninhaar zumeist nach der Faserlänge sortiert wird (vgl. hierzu auch Tab. 1), wobei die Qualitäten mit fallender Länge geringer werden. Dies dürfte in ähnlicher Weise weitgehend für alle Angoraqualitäten gelten. Mit fallender Länge der Haare nimmt gleichzeitig der Anteil kürzerer Haare zu, wie aus der Tab. 5 zu ersehen ist. Interessant ist hierbei das Verhältnis zwischen dem Kurzfaseranteil nach der Faserzahl und dem Fasergewicht. Der große Unterschied zwischen diesen beiden Werten drückt sich auch im Variationskoeffizienten aus, der zwischen 65 und 90 liegt.

Durch Krempeln der Angorakaninhaare auf einer Laborkrempel fällt die mittlere Faserlänge stark ab. Wie aus der Tab. 5 zu ersehen ist, geht der Anteil langer Haare deutlich zurück. Beim Krempeln werden also bevorzugt die langen Haare verkürzt. In der Abb. 1 haben wir die Schaulinien nach der Faserzahl für die Muster Nr. 36/36a und Nr. 37/37a in einem Stapeldiagramm dargestellt. Der verkürzende Effekt ist um so stärker ausgeprägt, je mehr lange Haare vorhanden sind. Beim Krempeln kurzer Haare (z. B. Nr. 38) beobachtet man praktisch keine Verkürzung der Haare mehr. Inwieweit diese Beobachtungen verallgemeinert werden können, läßt sich nicht sagen, da wir in dieser Richtung nur orientierende Versuche durchgeführt haben. Zu diesem Zweck müßten ergänzende Untersuchungen in der Praxis vorgenommen werden. Würden sich unsere Ergebnisse in der Praxis bestätigen, so müßte man überlegen, inwieweit der Einsatz von Qualitäten mit hohem Anteil langer Haare sinnvoll ist, wenn beim Krempeln die langen Haare weitgehend verkürzt werden. Hier wären interessante Probleme für den Züchter gegeben.

5.5 Kanin- und Hasenhaare

Kanin- und Hasenhaar stellen die wichtigsten Rohstoffe für die Haarhutindustrie dar. Allerdings werden diese Rohstoffe zunächst einer chemischen Behandlung unterworfen, um das Filz- und Walkvermögen so zu erhöhen, daß feste und kernige Filze erhalten werden können. Bevor wir auf die Eigenschaften der gebeizten Haare näher eingehen, sollen zunächst die chemischen und physikalischen Kennzahlen der ungebeizten Kanin- und Hasenhaare vorgestellt werden (vgl. die Tab. 2–5).

Die für unsere Untersuchungen verwendeten ungebeizten Kanin- und Hasenhaare waren in der üblichen Weise zugerichtet [23] und zweimal geblasen, um eine gute und gleichmäßige Mischung innerhalb der einzelnen Qualitäten zu erzielen.

Die in der Tab. 2 zusammengestellten chemischen Kennzahlen zeigen einerseits die Unterschiede bezüglich der Ernte der Felle (Sommer- und Winterware) und andererseits die Unterschiede zwischen Kanin- und Hasenhaar. So weist Hasenhaar höhere Cystingehalte, höhere Harnstoff-Bisulfitlöslichkeiten und höhere Feuchtigkeitsaufnahmen bei Normbedingungen auf, während das Wasserrückhaltevermögen, die Alkali- und Säurelöslichkeiten, verglichen mit dem Kaninhaar, niedriger liegen. Zwischen Zahmkanin und Wildkanin sind die Unterschiede dagegen nur gering. Außerdem liegen die Werte für Sommerware immer höher als für Winterware.

Wenn wir uns hierzu die in den Tab. 3–5 dargestellten physikalischen Kennzahlen ansehen, so finden wir auch hier teilweise deutliche Unterschiede. So ist Hasenhaar (12,5–11,5 Mikron) viel feiner als Kaninhaar mit 13,5–14,5 Mikron, während Wildkanin zwischen 13,0–13,5 Mikron liegt. Auch die Zugfestigkeiten sowie die dazugehörigen Dehnungswerte liegen bei Hasenhaar höher, verglichen mit Zahmkanin- und Wildkaninhaar. Was das natürliche Filzvermögen anbelangt, so sind die Unterschiede zwischen Kanin- und Hasenhaar nur gering. Ähnlich verhalten sich auch die mittleren Faserlängen, ausgenommen die Rückenqualitäten bei Zahmkanin. Letztere sind deutlich länger, verglichen mit den üblichen tlp-Qualitäten. Hier handelt es sich um Haare des ganzen Felles und nicht nur der Rückenpartien, die mittlere Längen von 17 bis 20 mm erreichen. Bei den tlp-Qualitäten liegen die Werte dagegen zwischen 13–16 mm. Beim Wildkanin sind die mittleren Haarlängen kürzer als bei Hase und Zahmkanin.

Vergleicht man Winter- und Sommerware miteinander, so findet man für Sommerware ein besseres Filzvermögen, zumeist höhere Feinheiten und einen kürzeren Mittelstapel. Bei den in freier Wildbahn lebenden Tieren, wie Hase und Wildkanin, zeigt das Haar der Sommerware deutlich geringere Festigkeiten, verglichen mit der Winterware, während beim Zahmkanin die Unterschiede zwischen Sommer- und Winterhaar nur gering sind. Stellvertretend hierfür seien die Ergebnisse an Graukanin und Schwarzkanin angeführt. Wie aus der Tab. 10 zu ersehen ist, sind die Festigkeiten zwischen dem Haar von Sommer- und Winterware praktisch gleich. Dies gilt sinngemäß auch für die anderen Farben, wie Rotkanin, Buntkanin, Weißkanin, Chinchilla und Cendré.

Hiermit wollen wir nun die Betrachtung über die ungebeizten Kanin- und Hasenhaare abschließen und zum Schluß noch kurz auf die Kennzahlen von gebeizten Kanin- und Hasenhaaren eingehen. Hierbei können wir uns auf einige wenige chemische und physikalische Kennzahlen beschränken. Es handelt sich hierbei in erster Linie um die Alkalilöslichkeit in 0,025 n Natronlauge, die Säurelöslichkeit in 0,6 n Salzsäure, den Fettgehalt und den mittleren Häufigkeitsstapel mit Kurzfaseranteil. In allen diesen Fällen handelt es sich um echte qualitätsbestimmende Kennzahlen, wie die langjährigen Erfahrungen aus der Praxis ergeben haben. Die in den nachfolgenden Tabellen mitgeteilten Untersuchungsergebnisse sind alle statistisch gesichert. Von Cendré und Sommerhase standen uns je 26 verschiedene Muster, von allen anderen Haarqualitäten mindestens 50 verschiedene Muster für die Auswertung zur Verfügung.

In der Tab. 11 haben wir den Mittelwert mit Vertrauensbereich, die Standardabweichung und den Variationskoeffizienten für die Alkali- und Säurelöslichkeiten aller untersuchten Kanin- und Hasenhaare zusammengestellt. Die so erhaltenen Zahlenwerte können als erstrebenswerte Kennzahlen angesehen werden, wobei wir die Standardabweichung als maximal zulässige Toleranzwerte bezeichnen möchten. Unsere bisherigen Erfahrungen mit diesen Kennzahlen in der Praxis haben ergeben, daß bei Einhaltung der Toleranzwerte ein voll befriedigendes, gutes Filz- und Walkvermögen gegeben ist. Unterschreitet man die Toleranzwerte, so fällt das Filz- und Walkvermögen merklich ab, so daß die erreichbaren Filzqualitäten in vielen Fällen den Anforderungen nicht mehr genügen. Überschreitet man die Toleranzgrenzen nach oben, so nimmt die Haarschädigung stark zu, so daß trotz ausreichendem Filz- und Walkvermögen die Filzqualität, vor allem nach dem Färben der Filze, stark abfällt.

Die Ergebnisse für die mittlere Feinheit, die mittlere Stapellänge (Häufigkeitsstapel) und den Kurzfaseranteil (Anteil der Haare unter 6 mm Länge in Prozent) jeweils mit ihren Vertrauensbereichen und dem Variationskoeffizienten, errechnet aus den Werten für die mindestens 50 verschiedenen Muster, sind aus der Tab. 12 zu ersehen. Auch diese Werte können als qualitätshinweisende Kennzahlen angesehen werden, wie die Erfahrungen aus der Praxis bestätigen. Die recht niedrigen Variationskoeffizienten deuten darauf hin, daß es sich bei den jeweiligen Mittelwerten um Werte mit hoher Aussagekraft handelt.

Was die Praxiserfahrungen selbst anbelangt, so hat sich gezeigt, daß Bruchlast und Bruchdehnung der Hutfilze bei Verwendung von Kaninhaar mit abnehmendem Mittelstapel abnehmen. Dieser Befund wird noch verstärkt, wenn gleichzeitig der Kurzfaseranteil über 20% ansteigt. Wird das Kanin- oder Hasenhaar zu stark gebeizt und ist hiermit eine über das erlaubte Maß hinausgehende Schädigung des Haares verbunden, so fällt ebenfalls die Festigkeit des Hutfilzes ab. Dies gilt auch für das Dehnungsvermögen. Interessant ist auch ein Vergleich zwischen dem spezifischen Gewicht des Filzes und dessen Festigkeit. So haben wir immer wieder gefunden, daß mit steigendem spezifischem Gewicht die Festigkeit abnimmt. Wir sehen hieraus, daß für die Abnahme der Filzfestigkeit verschiedene Faktoren verantwortlich sind. Unter Berücksichtigung dieser Faktoren ließe sich bestimmt eine für die Qualität des fertigen Hutes maßgebende Kennzahl ableiten. Allerdings ist der Arbeitsaufwand für all die verschiedenen Prüfungen nicht unerheblich. Tatsache ist jedoch, daß eine zu starke Haarschädigung oder zu stark gewalkte Filze sich weniger qualitätsmindernd auswirken, wenn man ein im Mittelstapel möglichst langes Haar verwendet.

6. Zusammenfassung

1. Die vorliegenden Untersuchungen sind geeignet, unsere Kenntnisse über die chemischen und physikalischen Eigenschaften von Tierhaaren zu erweitern. Für die Untersuchungen selbst wurden handelsübliche Qualitäten und Provenienzen verwendet.
2. Im einzelnen wurden 8 Ziegenhaare, 5 Kälberhaare, 2 Rinderhaare, 14 Angorakaninhaare, 5 Zahmkaninhaare, 2 Wildkaninhaare, 3 Hasenhaare, 5 Kamelhaare, 10 Mohairqualitäten, 3 Alpakaqualitäten und 2 Kaschmirqualitäten untersucht und die hierbei erhaltenen allgemeinen Ergebnisse in fünf Tabellen zusammengestellt.
3. Die Ergebnisse dieser Tabellen dienen dazu, soweit als möglich den Streubereich und damit die Aussagefähigkeit der Mittelwerte der chemischen und physikalischen Daten zu ermitteln.
4. Die Auswertung der im einzelnen erhaltenen Ergebnisse (vgl. auch die weiteren Tab. 6–12) zeigt, daß die Streuung der Werte innerhalb einer Tierart mitunter recht deutlich ausfällt. Dieser Befund wird auf Faktoren, wie Bewetterung, Art der Gewinnung (Rupfen, Scheren, Schwöden oder Äschern) sowie die jeweilige Provenienz zurückgeführt. Eine statistische Auswertung wurde immer dann vorgenommen, wenn eine ausreichende Anzahl von Einzelproben zur Verfügung stand. Im allgemeinen ergab der berechnete Mittelwert in Verbindung mit der Streuung einen guten Vergleichswert, den man zumeist sogar als eine Art Kennzahl mit qualitätsbestimmenden Eigenschaften ansehen konnte.
5. Von den chemischen Kennzahlen kann vor allem der Cystingehalt als qualitätsbestimmendes Merkmal angesehen werden. Außerdem wird von der Höhe des Cystingehaltes eine Reihe anderer Eigenschaften, wie z. B. die Alkali-, Säure- und Harnstoff-Bisulfitlöslichkeit, die Trocken- und Naßfestigkeit sowie das Dehnungsvermögen beeinflußt. Hier lassen sich recht gute Korrelationen aufstellen. Da die Ermittlung des Cystingehaltes recht aufwendig ist, so begnügt man sich in der Praxis zumeist mit den Löslichkeitstesten. Hieraus lassen sich im allgemeinen verbindliche Rückschlüsse auf mögliche Faserschädigungen und deren Art ableiten.
6. Alle untersuchten Tierhaare filzen mehr oder weniger gut. Das Ausmaß dieser Filzkraft läßt sich recht gut mit dem Aachener Schütteltest erfassen. Bei geschwödeten Haaren oder aber sehr kurzen Haaren (kleiner als 10 mm) versagt der Schütteltest zumeist. In solchen Fällen prüft man vorteilhaft auf einer Laborplattenfilzmaschine. Die Prüfungen und deren Ergebnisse zeigen, daß das Filzvermögen eine allgemeine Eigenschaft der Tierhaare darstellt.

7. Die geringste Schädigung zeigen die durch Rupfen oder Scheren und durch Schwöden gewonnenen Haare, während die durch chemische Prozesse erhaltenen Haare nicht nur stärker geschädigt sind, sondern auch merklich stärker gestreute Prüfungsergebnisse zeigen. Die Kanin- und Hasenhaare werden zwar durch Scheren gewonnen, werden jedoch zuvor einer chemischen Behandlung unterworfen, so daß sie als mehr oder weniger stark geschädigt angesehen werden können.
8. Die Stapellänge und der hierzu gehörige Anteil kurzer Haare unter 10 mm Länge (bei Kanin- und Hasenhaar unter 6 mm Länge) können ebenfalls als qualitätsbestimmende Merkmale angesehen werden. Dies gilt vor allem auch für die Hutindustrie und die dort verwendeten Haare und Wollen. Auch die Feinheit der Haare kann für die Endqualität von entscheidender Bedeutung sein. Im Falle der Herstellung von Filzen erzielt man mit feineren Haaren oder Wollen immer festere und dichtere Filze, die auch im Griff feiner ausfallen, verglichen mit solchen aus gröberen Haaren oder Wollen.
9. Bei allen untersuchten Tierhaaren sind die groben Haare zumeist markhaltig; lediglich bei Kanin und Angorakanin sind auch die feinen Unterhaare markhaltig. Sie weisen eine durchgehende Markzeile auf.
10. Für die Auswahl der Tierhaare in der verarbeitenden Industrie sollten stets die chemischen und physikalischen Kennzahlen ausschlaggebend sein. Auf diese Weise lassen sich weniger geeignete Rohstoffe bereits vor der Verarbeitung ausscheiden bzw. anderweitig richtig einsetzen. Auf diese Weise geht der Anteil an Ausschußware zurück, und die Qualität der Fertigware wird sich nicht nur verbessern, sondern kann leicht auf dem gewünschten Standard gehalten werden. Außerdem ist der Arbeitsablauf sicherer und weniger anfällig. Bei richtiger Auswahl der Prüfmethoden ist der Kostenaufwand für die chemisch-physikalische Prüfung gering. Der Einsatz selbst wird dort erfolgen, wo die Aussagekraft des Testes am größten ist. Die Durchführung der Prüfungen ist normalerweise nicht schwierig, so daß sie auch von weniger erfahrenen Kräften vorgenommen werden kann. Ungeschulte Kräfte lassen sich nach kurzer Anlernzeit voll einsetzen. Lediglich der Zeitaufwand vieler Prüfmethoden ist im Augenblick noch zu hoch. Dies gilt sowohl für chemische als auch für physikalische Prüfungen.
11. Aus den vorliegenden Untersuchungen kann, abgesehen vom Kanin- und Hasenhaar, noch nicht entschieden werden, inwieweit und in welcher Richtung eine chemische Schädigung den Gebrauchswert der Tierhaare beeinflußt. Wir sind aber sicher, daß hier echte Zusammenhänge zwischen der Schädigung und dem Gebrauchswert vorliegen, so daß der Aufstellung qualitätsgebundener chemischer und physikalischer Kennzahlen für die verarbeitende Industrie einerseits und den Tierhandel bzw. dem Erzeuger andererseits eine große Bedeutung zukommt. Hierzu anzuregen, ist eine der wichtigsten Aufgaben des vorliegenden Beitrages.

7. Danksagung

Diese Untersuchungen wurden mit Unterstützung des Landesamtes für Forschung, beim Ministerpräsidenten des Landes Nordrhein-Westfalen, Düsseldorf, durchgeführt, wofür wir unseren besten Dank aussprechen. Für die Bereitstellung des gesamten Probenmaterials danken wir den Firmen Hutstoffwerke Fulda, Hutstoffindustrie GmbH, Lahr, C. Jung & Co., Frankfurt, Karl Thiel, Gummersbach und E. Brömme, Rheydt.
Mein weiterer Dank gilt Fräulein A. Elverich und Fräulein M. Göbbels für die Mitarbeit an den Untersuchungen.

8. Literaturverzeichnis

[1] Harris, M., und A. Smith, Americ. Dyestuff Rep., **25** (1936), P 542.

[2] Satlow, G., Forschungsbericht des Landes Nordrhein-Westfalen Nr. 1084, 1962; H. Offermann, Z. Ges. Textilind., **69** (1967), 17–19.

[3] Zahn, H. in Döhner/Reumuth, Wollkunde, 2. Aufl. 1964; Verlag P. Parey, Berlin und Hamburg, Quantitative chemische Prüfmethoden für Wolle.

[4] Zahn, H., Z. Ges. Textilind. **68** (1966), 911–914.

[5] Koch/Satlow, Großes Textillexikon; Deutsche Verlagsanstalt Stuttgart 1965; W. v. Bergen, Wool Handbook, Vol. 1, 3. Aufl., New York–London 1963; W. v. Bergen, Textile Res. J. **29** (1959), 586–588; R. M. Burus, W. v. Bergen und S. S. Young, J. Text. Inst. **53** (1962), T 45; W. J. Onions, Wool, London 1962; A. B. Wildmann, The indification of animal textile fibres, Wool Industries Res. Ass., Torridon/Leeds 1954; M. Clauss, Das Leder **7** (1956), 49–53; W. Grassmann und O. Engels, Collegium, Nr. 876, 114–129 (1943).

[6] Satlow, G., Forschungsbericht des Landes Nordrhein-Westfalen Nr. 1890 (1967), Qualitätsbestimmende Merkmale an Tierhaaren.

[7] Fröhlich, H. G., Z. Ges. Textilind. 58 (1956), 947–958 und 59 (1957), 201–203; H. G. Fröhlich, Textil-Praxis **13** (1957), 72; H. G. Fröhlich, Das Leder **14** (1963), 126–130; H. G. Fröhlich, Deutscher Färbekalender 1967, 201–210; H. G. Fröhlich, Cirtel III (1965), 459–470.

[8] Satlow, G., Z. Ges. Textilind. **67** (1965), 943/944.

[9] Satlow, G., S. Cieplik und G. Fichtner, Faserforschung und Textiltechn. **16** (1965), 144–155.

[10] Vgl. hierzu H. G. Fröhlich, Z. Ges. Textilind. **71** (1969), 30–41, 318–320, 588/589 und 837/838.

[11] Harris, M., und A. Smith, Americ. Dyestuff Rep. **25** (1936), P 542.

[12] Zahn, H., und H. Würz, Textil-Praxis **8** (1953), 971–974.

[13] Lees, K., und F. F. Elsworth, Int. Wool Text. Res. Conf., Australia 1955, C 363–373.

[14] Zahn, H., und K. Trautmann, Melliand Textilber. **35** (1954), 1069.

[15] Vgl. hierzu DIN 53802.

[16] Blankenburg, G., Z. Ges. Textilind. **63** (1961), 78-81 und G. Blankenburg und H. Zahn, Textil-Praxis **16** (1961), 223-232.

[17] Vgl. hierzu DIN 53805.

[18] Vgl. hierzu DIN 53811 sowie die IWTO-Vorschrift 8/61.

[19] Vgl. hierzu DIN 54278 sowie die IWTO-Vorschrift 10/62.

[20] Blankenburg, G., Forschungsbericht des Landes Nordrhein-Westfalen Nr. 1154, 1963, Chemische und physikalische Eigenschaften von veränderter und unveränderter Wolle in Beziehung zum Filzvermögen.

[21] Satlow, G., Forschungsbericht des Landes Nordrhein-Westfalen Nr. 731, 1959, Hautwolle und Schurwolle, eine Gegenüberstellung ihrer wichtigsten chemischen und physikalischen Eigenschaften; Nr. 1084, 1962, Charakteristische Eigenschaften von Rohwollen.

[22] Hohls, H. W., Melliand Textilber. **32** (1951), 99–102.

[23] Vgl. hierzu, Der Filzhut, Verlag Textil-Presse Verlagsgesellschaft mbH, Berlin 1936, 111ff.

Tabellenanhang

Tab. 1 Art und Herkunft der Tierhaarproben, einschließlich Fettgehalt, pH-*Wert des wäßrigen Auszuges im Anlieferungszustand*

Lfd. Nr.	Tierart und Farbe	Herkunftsland	Fettgehalt in %	pH-Wert
A	Schurziegenhaar			
1	bunt	Nord-China	0,9–1,0	6,3
2	weiß	Nord-China	0,8–1,0	6,7
3	schwarz	Iran	1,2–1,4	6,9
4	hellgrau	Mongolei	0,6–0,7	6,0
B	Gerberziegenhaar (geäschert)			
5	bunt	Nigeria	0,5–0,6	8,3
6	braun	Iran	0,5–0,6	8,4
7	schwarz	Indien	0,6–0,7	7,4
8	bunt	China	0,5–0,6	7,6
C	Kalbhaar			
9	hell, geschwödet	Europa	0,5–0,6	7,4
10	dunkel, geschwödet	Europa	0,4–0,5	7,5
11	bunt, geäschert	Europa	0,8–0,9	7,2
12	bunt, geäschert (Kopf)	Europa	0,8–0,9	6,3
13	weiß, geäschert	Europa	0,8–0,9	6,0
D	Rinderhaar, bunt			
14	stark geäschert	Europa	0,6–0,7	5,5
15	normal geäschert	Europa	0,6–0,7	6,2
E	Mohair			
16	A, weiß, lose	Südafrika	1,0–1,1	6,0–7,0
17	B, weiß, lose	Südafrika	1,1–1,2	6,0–7,0
18	C, weiß, lose	Südafrika	1,3–1,4	6,0–7,0
19	D, weiß, lose	Südafrika	1,1–1,2	6,0–7,0
20	E, weiß, lose	Südafrika	1,0–1,1	6,0–7,0
21	F, weiß, lose	Südafrika	1,0–1,1	6,0–7,0
22	G, weiß, lose	Südafrika	0,9–1,0	6,0–7,0
23	H, weiß, lose	Südafrika	0,8–0,9	6,0–7,0
24	weiß, gekrempelt	Texas	1,1–1,2	6,0–7,0
25	weiß, gekrempelt	Türkei	0,5–0,6	6,0–7,0
F	Kaschmir			
26	weiß, gewaschen	Mongolei	1,3–1,4	7,3
27	grau, roh	China	1,1–1,2	6,1
G	Alpaka			
28	grob	Peru	0,8–0,9	6,1
29	Lama	Peru	0,9–1,0	5,5
30	1. fleece	Peru	1,0–1,1	5,5
H	Kamel			
31	unsortiert	Mongolei	0,9–1,0	6,9
32	I. roh	China	2,0–2,4	7,0
33	I. gewaschen	China	0,7–0,8	7,4
34	Kamelhaar	Indien	0,6–0,7	6,6
35	Kamelhaar	Afghanistan	0,7–0,8	7,4

Fortsetzung von Tab. 1

Lfd. Nr.	Tierart und Farbe	Herkunftsland	Fettgehalt in %	pH-Wert
G	Angorakaninhaar			
36	Prima, rein weiß, 6 cm	Tschechoslowakei	0,8–1,0	5,5–6,5
37	Seconda, rein weiß, 3–6 cm	Tschechoslowakei	0,8–1,0	5,6–6,0
38	Tercia, weiß, 3 cm	Tschechoslowakei	0,8–1,0	5,0–6,0
39	Tercia, weiß, leicht verfilzt	Tschechoslowakei	0,9–1,2	ca. 6
40	Quinta, weiß, verunreinigt und verfilzt	Tschechoslowakei	1,2–1,5	ca. 6,0
41	Super choix	Frankreich	0,9–1,0	ca. 6,0
42	Premier choix	Frankreich	0,9–1,0	ca. 6,0
43	Tout venant	Frankreich	1,2–1,5	ca. 6,0
44	Qualität I	Argentinien	0,6–0,7	ca. 6,0
45	Qualität II	Argentinien	0,8–1,0	ca. 6,0
46	Qualität AB	Japan	1,1–1,2	ca. 6,0
47	Qualität B	Japan	1,1–1,2	ca. 6,0
48	Qualität 95%	China	1,2–1,3	ca. 6,5
49	Qualität I	Deutschland	0,6–0,7	ca. 5,5
H	Hasenhaar			
50	Winterhase	Europa	1,2–1,4	ca. 6,0
51	Herbsthase	Europa	1,2–1,5	ca. 6,0
52	Sommerhase	Europa	1,3–1,5	ca. 6,0
I	Wildkaninhaar			
53	Winterware, BCB, tlp	Europa	1,0–1,5	ca. 6,0
54	Sommerware, CB, tlp	Europa	0,9–1,3	ca. 6,0
K	Zahmkaninhaar			
55	Petit bon gris	Europa	1,5–2,5	ca. 6,0
56	Graukanin, tlp	Europa	1,5–2,5	ca. 6,0
57	Graukanin, reiner Rücken	Europa	1,5–2,5	ca. 6,0
58	weiß, tlp	Europa	1,5–2,5	ca. 6,0
59	schwarz, tlp	Europa	1,5–2,5	ca. 6,0
60	Nankin (Rotkanin)	Europa	1,5–2,5	ca. 6,0

Tab. 2 Chemische Kennzahlen der Tierhaare im Anlieferungszustand

Lfd. Nr.	Tierhaarart	Cystin-gehalt in %	Alkali-löslichkeit in %	Säure-löslichkeit in %	Harnstoff-Bisulfit-löslichkeit in %
	Schurziegenhaar				
1		10,4	12,9	8,5	43,6
2		11,2	16,2	10,1	43,2
3		10,5	13,5	10,8	44,3
4		9,8	17,1	10,3	43,2
	Gerberziegenhaar (geäschert)				
5		8,1	12,0	12,0	10,1
6		6,1	6,9	8,5	2,9
7		4,9	6,4	12,6	2,1
8		6,3	10,7	12,1	26,0
	Kalbhaar				
9	geschwödet	10,5	11,1	11,3	4,6
10		11,7	9,6	10,1	4,0
11		3,7	7,4	13,1	4,0
12	geäschert	6,3	6,1	8,6	10,4
13		3,8	7,8	13,5	2,1
	Rinderhaar (geäschert)				
14		5,0	6,8	12,1	0,7
15		5,4	5,6	12,0	1,2
	Mohair				
16		10,7	17,6	7,4	44,2
17		10,8	13,9	9,5	60,4
18		10,5	22,7	11,9	59,4
19		10,2	27,0	12,6	50,5
20		10,9	13,8	6,2	57,6
21		10,6	10,8	6,0	44,8
22		10,7	9,4	4,0	50,5
23		10,4	10,3	6,8	63,6
24		10,5	17,2	12,4	68,8
25		11,3	21,8	11,0	64,3
	Kaschmir				
26		11,6	11,9	11,8	43,4
27		12,0	17,9	23,4	56,5
	Alpaka				
28		12,2	7,1	10,1	46,8
29		12,7	10,9	7,5	56,5
30		12,9	13,4	7,1	58,2
	Kamel				
31		10,6	13,5	15,4	51,5
32		10,3	16,9	19,3	37,5
33		11,1	9,7	12,5	36,5
34		10,9	10,5	10,8	37,9
35		10,4	16,5	19,8	41,5

Fortsetzung von Tab. 2

Lfd. Nr.	Tierhaarart	Cystin-gehalt in %	Alkali-löslichkeit in %	Säure-löslichkeit in %	Harnstoff-Bisulfit-löslichkeit in %
	Angorakaninhaar				
36		13,7	7,1	6,1	63,5
37		13,5	7,0	5,0	60,0
38		13,5	7,9	6,4	65,5
39		13,3	9,3	7,9	66,5
40		13,6	10,2	7,4	65,5
41		13,5	10,0	6,8	61,0
42		13,1	11,5	10,5	63,0
43		13,2	11,5	10,9	69,0
44		13,8	8,1	4,5	67,5
45		13,6	9,3	7,5	63,0
46		13,7	7,8	6,6	66,0
47		13,4	8,6	7,8	61,5
48		13,5	9,2	8,3	66,5
49		13,6	8,3	9,7	68,0
	Hasenhaar				
50		14,2	8,4	7,7	60,5
51		14,1	8,8	8,3	64,0
52		13,9	9,6	9,3	64,5
	Wildkaninhaar				
53		11,6	9,5	10,7	56,5
54		11,2	11,3	13,0	53,5
	Zahmkaninhaar				
55		11,4	11,8	12,3	59,0
56		11,5	11,0	11,8	56,5
57		11,7	10,3	11,5	51,0
58		11,6	13,7	12,0	59,0
59		11,7	12,2	11,5	57,5
60		11,5	12,3	11,9	58,0

Tab. 3 Wasserrückhaltevermögen, Sorption und Filzvermögen der untersuchten Tierhaare im Anlieferungszustand

Lfd. Nr.	Tierhaarart	Wasser-rückhalte-vermögen in %	Sorption	Filztest in mm ⌀
	Schurziegenhaar			
1		62,3	13,6	31,0–32,0
2		55,1	13,4	28,0–29,0
3		54,0	14,2	28,5–29,5
4		74,5	14,0	27,5–28,5
	Gerberziegenhaar (geäschert)			
5		88,0	13,4	23,5–24,5
6		64,1	14,1	27,5–28,5
7		89,5	15,1	23,0–24,0
8		70,0	13,9	25,0–26,0
	Kalbhaar (geschwödet)			
9		87,0	14,0	keine*
10		81,5	14,1	keine
	Kalbhaar (geäschert)			
11		94,5	13,3	25,0–26,0
12		67,6	13,1	24,0–25,0
13		86,4	13,4	22,1–22,8
	Rinderhaar (geäschert)			
14		71,6	13,9	27,0–28,0
15		72,4	13,9	23,0–24,0
	Mohair			
16		40,7	13,9	26,0–27,0
17		41,0	14,0	27,0–28,0
18		40,8	13,8	26,0–27,0
19		42,4	13,8	29,0–30,0
20		38,4	13,9	26,0–28,0
21		41,5	13,7	28,0–29,0
22		40,5	13,6	26,0–27,0
23		39,5	13,7	26,0–27,0
24		46,7	13,6	25,0–26,0**
25		47,2	13,8	25,0–26,0
	Kaschmir			
26		47,1	13,7	22,5–23,2
27		48,0	13,2	23,4–24,1
	Alpaka			
28		44,0	14,2	28,0–29,0
29		43,2	13,9	27,5–28,5
30		42,3	13,5	28,0–29,0

Fortsetzung von Tab. 3

lfd. Nr.	Tierhaarart	Wasser-rückhalte-vermögen in %	Sorption	Filztest in mm ⌀
	Kamel			
31		46,5	13,9	32,0–34,0
32		46,5	13,9	26,0–27,0
33		57,5	13,4	28,0–29,0
34		68,2	13,9	33,0–34,0
35		57,5	13,4	28,0–29,0
	Angorakaninhaar			
36		51,5	13,9	24,0–25,0
37		53,5	13,9	24,0–25,0
38		54,5	13,8	24,0–25,0
39		56,5	13,9	23,0–24,0
40		54,5	13,8	24,0–25,0
41		55,0	13,8	24,0–25,0
42		52,5	13,9	24,0–25,0
43		62,5	13,7	25,0–26,0
44		45,5	13,7	25,0–26,0
45		45,0	13,8	24,0–25,0
46		50,5	13,4	24,0–25,0
47		50,5	13,5	23,0–24,0
48		56,0	13,5	23,0–24,0
49		52,5	13,8	24,0–25,0
	Hasenhaar			
50		58,8	13,6	24,0–25,0
51		61,5	13,5	23,5–24,5
52		65,0	13,8	23,0–24,0
	Wildkaninhaar			
53		68,5	13,3	24,0–25,0
54		78,5	12,9	23,0–24,0
	Zahmkaninhaar			
55		76,0	12,8	23,5–25,0
56		74,0	13,0	24,0–25,0
57		71,0	13,2	24,0–25,0
58		74,5	13,5	24,5–26,0
59		71,5	13,5	24,0–25,0
60		72,5	13,5	24,0–25,0

* Filzt auf der Plattenfilzmaschine.
** Nr. 24 und 25 lagen in gekrempelter Form vor.

Tab. 4 Feinheit sowie Zugfestigkeit und Reißdehnung (trocken und naß) der Tierhaare im Anlieferungszustand

Lfd. Nr.	Tierhaarart	Feinheit in Mikron	Zugfestigkeit trocken in kg/mm²	Zugfestigkeit naß in kg/mm²	Reißdehnung trocken in %	Reißdehnung naß in %
	Schurziegenhaar					
1		61,7	17,6	16,5	44,2	59,2
2		63,6	15,9	12,1	43,6	61,8
3		72,6	17,6	15,9	44,2	61,7
4		65,8	14,8	11,4	46,2	60,3
	Gerberziegenhaar (geäschert)					
5		66,4	13,8	10,4	40,9	62,1
6		65,1	17,9	14,8	41,4	62,5
7		72,4	8,1	4,4	24,1	42,2
8		58,1	16,8	14,5	45,2	57,7
	Kalbhaar (geschwödet)					
9		46,3	18,2	14,9	45,1	62,0
10		45,9	17,6	14,3	43,4	61,8
	Kalbhaar (geäschert)					
11		44,2	–	–	–	–
12		52,7	–	–	–	–
13		47,6	13,6	10,1	40,4	64,1
	Rinderhaar (geäschert)					
14		44,7	15,6	10,4	49,2	60,4
15		41,7	21,1	16,3	43,8	62,4
	Mohair					
16		32,8	25,4	21,0	51,4	71,5
17		33,8	28,4	22,5	51,0	69,1
18		33,6	24,0	21,2	48,4	68,3
19		33,2	22,1	20,0	49,8	75,1
20		36,1	23,9	21,0	50,4	68,9
21		36,7	28,1	24,6	50,2	70,1
22		40,1	–	–	–	–
23		39,6	22,3	19,8	46,1	60,8
24		36,7	19,8	18,2	48,5	67,3
25		42,6	–	–	–	–
	Kaschmir					
26		14,4	26,5	24,7	33,7	50,9
27		14,2	24,7	22,1	36,5	48,1
	Alpaka					
28		36,6	19,4	14,3	35,5	46,1
29		21,7	21,2	16,3	33,8	44,3
30		27,5	25,0	17,2	36,3	49,5

Fortsetzung von Tab. 4

Lfd. Nr.	Tierhaarart	Feinheit in Mikron	Zugfestigkeit trocken in kg/mm²	Zugfestigkeit naß in kg/mm²	Reißdehnung trocken in %	Reißdehnung naß in %
	Kamel					
31		18,9	36,4	28,1	41,2	56,5
32		16,4	30,6	23,9	38,6	54,5
33		16,2	29,4	23,1	37,0	54,2
34		39,7	15,4	14,1	35,6	49,2
35		20,2	31,4	22,3	33,2	49,1
	Angorakaninhaar					
36		12,5	22,4	20,1	33,9	46,7
37		12,3	20,6	18,5	32,2	44,8
38		12,0	20,3	17,9	34,0	45,4
39		12,4	20,6	18,1	33,5	45,6
40		12,6	18,4	17,1	33,6	44,1
41		12,3	21,3	19,0	31,5	45,1
42		12,6	18,3	16,8	29,1	44,5
43		13,6	25,0	21,4	36,1	46,9
44		14,6	17,3	15,2	33,9	46,7
45		13,8	16,7	14,8	33,7	46,1
46		12,1	17,3	15,8	33,2	46,7
47		13,0	19,4	17,1	34,6	48,0
48		12,2	23,2	20,1	32,7	46,1
49		12,3	18,4	17,0	31,7	45,8
	Hasenhaar					
50		12,2	24,1	18,7	36,7	45,2
51		12,0	22,9	18,2	35,1	44,0
52		11,6	21,0	17,1	35,5	43,4
	Wildkaninhaar					
53		13,3	13,2	9,9	30,4	39,8
54		13,2	10,0	8,8	32,1	40,4
	Zahmkaninhaar					
55		13,7	13,7	10,9	31,5	41,3
56		13,9	13,6	10,8	26,8	40,4
57		14,0	15,6	13,8	28,7	40,2
58		14,0	11,5	9,1	32,8	44,1
59		14,1	12,8	10,5	26,3	40,7
60		13,9	14,0	11,2	30,8	42,3

Tab. 5 Mittelstapel, Variationskoeffizient und Kurzfaseranteil der Tierhaare im Anlieferungszustand

Lfd. Nr.	Tierhaarart	Mittlere Stapellänge Häufigkeitsstapel in mm	Gewichtsstapel in mm	Variationskoeffizient in %	Kurzfaseranteil nach der Faserzahl in %	nach dem Fasergewicht in %
	Schurziegenhaar					
1		48,5	76,2	75,7	28,1	6,1
2		69,6	85,5	48,0	4,0	1,0
3		44,9	70,5	75,5	30,0	7,2
4		83,1	118,5	65,4	10,9	1,9
	Gerberziegenhaar (geäschert)					
5		29,2	38,6	54,8	23,7	11,4
6		41,4	66,7	78,3	36,0	7,1
7		16,8	23,1	61,0	73,7	52,7
8		21,1	35,0	81,1	60,5	28,9
	Kalbhaar (geschwödet)					
9		11,8	15,6	58,4	43,0	22,1
10		11,6	15,4	57,6	44,2	23,4
	Kalbhaar (geäschert)					
11		9,5	12,1	51,8	61,1	40,7
12		12,3	17,2	63,0	46,1	26,0
13		12,2	17,1	63,4	43,5	27,1
	Rinderhaar (geäschert)					
14		8,2	12,1	70,0	69,1	50,6
15		12,6	16,3	53,5	44,1	24,5
	Mohair					
16		47,1	85,9	90,7	26,9	3,3
17		51,1	87,3	84,1	21,5	2,2
18		48,4	86,1	85,2	22,6	2,0
19						
20		46,3	80,4	81,5	18,8	1,4
21		63,9	90,1	65,9	–	–
22		44,9	73,8	78,4	10,7	1,0
23		49,5	86,3	86,4	12,7	1,1
24		51,2	80,6	75,7	1,7	0,3
25		49,3	87,3	87,7	23,3	2,6
	Kaschmir					
26		15,9	29,5	92,5	47,5	15,8
27		14,1	36,1	160,0	62,9	20,2
	Alpaka					
28		37,9	58,3	73,4	13,1	2,4
29		28,1	50,6	86,6	33,0	6,9
30		46,4	71,2	73,1	15,1	2,2

Fortsetzung von Tab. 5

Lfd. Nr.	Tierhaarart	Mittlere Stapellänge Häufigkeits-stapel in mm	Gewichts-stapel in mm	Variations-koeffizient in %	Kurzfaseranteil nach der Faserzahl in %	nach dem Faser-gewicht in %
	Kamel					
31		43,6	94,9	109,7	33,6	6,7
32		18,8	40,4	107,5	52,1	13,8
33		22,1	53,0	118,1	50,4	9,0
34		18,7	27,4	68,6	28,7	8,8
35		15,6	36,6	116,1	54,6	14,1
	Angorakaninhaar					
36		52,9	78,3	69,3	15,5	1,7
36a		24,4	42,6	85,9	34,5	7,6
37		31,5	51,7	78,7	25,5	3,9
37a		21,9	39,6	89,9	40,4	10,7
38		16,6	27,2	79,7	44,9	14,6
39		20,8	31,7	72,7	31,6	7,8
40a		14,2	29,7	104,2	58,1	22,1
41		30,8	50,6	80,3	32,7	6,2
42		26,5	48,6	91,5	40,0	6,2
43		16,2	29,7	82,5	42,7	15,1
44		28,3	44,7	76,1	28,3	5,6
45		18,5	30,7	81,2	40,1	8,8
46		27,1	38,6	65,1	24,1	6,7
47		23,9	34,2	66,3	33,0	7,0
48		19,8	33,0	83,9	40,6	10,2
49		34,4	51,3	70,2	29,0	3,5

a Diese Proben waren zuvor auf einem Laborkrempel zweimal geöffnet worden.

Tab. 6 Vergleich der Mittelwerte der chemischen Kennzahlen von Ziegenhaar

Chemische Kennzahl	Schurziegenhaar nach SATLOW	Schurziegenhaar nach FRÖHLICH	Gerberziegenhaar nach SATLOW	Gerberziegenhaar nach FRÖHLICH
Cystingehalt in %	10,9 ∓ 1,2	10,5	6,6 ∓ 3,9	8,3
Alkalilöslichkeit in %	14,3 ∓ 5,8	14,9	8,3 ∓ 1,7	9,0
Säurelöslichkeit in %	11,3 ∓ 3,5	9,9	11,3 ∓ 1,7	11,3
Harnstoff-Bisulfitlöslichkeit in %	38,2 ∓ 13,0	43,6	9,3 ∓ 6,8*	10,3

Vertrauensbereich $S = 99\%$ * $S = 95\%$

Tab. 7 Vergleich der Mittelwerte physikalischer Daten von Ziegenhaar

Physikalische Kennzahl	Schurziegenhaar nach SATLOW	Schurziegenhaar nach FRÖHLICH	Gerberziegenhaar nach SATLOW	Gerberziegenhaar nach FRÖHLICH
Wasserrückhaltevermögen in %	44,1	61,5	66,0	77,9
Sorption bei 65% rel. Luftfeuchte (Normbedingung)	14,5	13,8	14,7	14,1
Mittlere Feinheit in Mikron	42,4	65,9	45,7	65,5
Mittlere Faserlänge in mm				
Häufigkeitsstapel	64,0	61,5	42,6	27,2
Gewichtsstapel	83,5	87,5	58,6	40,8
Kurzfaseranteil bis 20 mm in %				
nach der Faserzahl	8,6	18,2	25,5	48,5
nach dem Fasergewicht	2,0	4,0	14,2	25,0
Zugfestigkeit in kp/mm^2				
trocken	16,8	16,5	13,5	14,2
naß	14,4	13,9	11,9	11,2
Reißdehnung in %				
trocken	48,9	44,6	40,0	37,9
naß	63,9	60,8	61,7	56,1

Tab. 8 Vergleichende Gegenüberstellung der von SATLOW *und* FRÖHLICH *ermittelten Kennzahlen für Mohair*

Kennzahl	Mittelwerte und Vertrauensbereich* nach SATLOW	nach FRÖHLICH
Alkalilöslichkeit (0,1 n NaOH) in %	13,6 ∓ 1,4	16,4 ∓ 4,2
Säurelöslichkeit (4,5 n HCl) in %	11,1 ∓ 0,8	8,8 ∓ 2,2
Harnstoff-Bisulfitlöslichkeit in %	59,5 ∓ 3,3	57,5 ∓ 5,9
Cystingehalt in %	10,7 ∓ 0,7	10,6 ∓ 0,2
Wasserrückhaltevermögen (Quellung) in %	36,9 ∓ 1,7	41,5 ∓ 2,2
Sorption (Normbedingungen) in %	14,1 ∓ 0,4	13,8 ∓ 0,1

* Vertrauensbereich mit 95% gesichert.

Tab. 9 Mittelwert, Streuung um den Mittelwert, Vertrauensbereich und Variationskoeffizient der chemischen und physikalischen Kennzahlen

Kennzahl	Mittelwert	Streubereich um den Mittelwert	Vertrauensbereich um den Mittelwert ($S = 95\%$)	Variationskoeffizient
Cystingehalt	13,57	13,4–13,8	13,57 ∓ 0,11	1,45
Alkalilöslichkeit	8,99	7,6–10,4	8,99 ∓ 0,83	16,0
Säurelöslichkeit	7,52	5,6– 9,4	7,52 ∓ 1,09	25,0
Harnstoff-Bisulfitlöslichkeit	65,32	62,5–68,1	65,32 ∓ 1,60	4,2
Wasserrückhaltevermögen	52,90	48,5–57,1	52,90 ∓ 2,60	8,4
Sorption	13,74	13,5–13,9	13,74 ∓ 0,10	1,2
Mittlere Feinheit in Mikron	12,83	12,1–13,6	12,83 ∓ 0,42	5,7
Zugfestigkeit in kp/mm²				
trocken	19,90	17,4–22,5	19,90 ∓ 1,43	12,4
naß	17,80	15,9–19,7	17,80 ∓ 1,11	10,8
Reißdehnung in %				
trocken	33,10	31,4–34,8	33,10 ∓ 0,97	5,0
naß	45,90	44,8–47,0	45,90 ∓ 0,62	2,3

Im Streubereich liegen zwei Drittel aller Einzelwerte

Tab. 10 Vergleich der Zugfestigkeiten zwischen Sommer- und Winterkaninhaar

Haarqualität	Feinheit in Mikron	Zugfestigkeit trocken in kp/mm²	Zugfestigkeit naß in kp/mm²
Graukanin			
Sommerhaar	13,3–13,6	13,8	10,8
Winterhaar	13,5–14,0	13,7	10,9
Schwarzkanin			
Sommerhaar	13,6–14,0	12,7	10,4
Winterhaar	13,8–14,4	12,9	10,5

Tab. 11 Mittelwert, Standardabweichung und Variationskoeffizient der Alkali- und Säurelöslichkeit von Hasen-, Wildkanin, und Zahmkaninhaar

	Alkalilöslichkeit (0,025 n NaOH)			Säurelöslichkeit (0,6 n HCl)		
	Mittelwert mit Vertrauensbereich ($S = 95\%$)	Standard abweichung	Variationskoeffizient in %	Mittelwert mit Vertrauensbereich ($S = 95\%$)	Standard abweichung	Variationskoeffizient in %
Winterrücken	38,12± 1,89	6,00	15,74	18,62± 0,43	1,36	7,32
IHxx tlp	34,29± 2,00	6,96	20,30	17,96± 1,32	4,63	25,78
Herbstrücken	39,90± 3,12	6,45	16,17	20,77± 1,79	3,70	17,79
Sommerhase	37,36±11,20	11,51	30,59	21,93±10,71	11,00	50,16
BCB tlp	34,81± 1,05	3,32	9,55	23,40± 1,00	3,16	13,59
Grau XX	36,95± 1,58	4,75	12,85	21,66± 0,77	2,32	10,69
Graukanin tlp	38,29± 1,23	3,65	9,53	23,64± 0,74	2,20	9,31
Weißkanin tlp	37,97± 1,53	4,43	11,67	21,90± 0,83	2,39	10,91
Bariolé tres clair	40,12± 1,68	4,74	11,82	23,90± 0,76	2,13	8,91
Bariolé noir	38,53± 1,65	4,72	12,24	22,49± 0,95	2,69	11,98
Nankin	37,03± 1,52	4,38	11,83	22,27± 0,72	2,09	9,38
Cendré	33,06± 2,84	5,67	17,63	20,47± 1,99	3,97	19,39
Chinchilla	38,18± 1,56	4,33	11,34	21,56± 0,81	2,25	10,44
Noir	35,78± 1,24	3,54	9,89	21,88± 0,74	2,12	9,69
Petit bon	36,32± 1,20	3,61	9,93	23,55± 0,76	2,28	9,69
PCTC	36,31± 1,43	3,55	9,76	24,10± 0,90	2,23	9,26

Tab. 12 Kurzfaseranteil, Feinheit und Stapellänge mit Vertrauensbereich sowie Variationskoeffizient von Hasen-, Wildkanin- und Zahmkaninhaar

Tierhaarart	Stapellänge und Vertrauens-bereich	Kurzfaser-anteil und Vertrauens-bereich	Variations-koeffizient	Feinheit mit Vertrauens-bereich	Variations-koeffizient
IHxx mit pur dos	15;14 ± 0,85	8,16 ± 1,7	5,6	12,04 ± 0,219	1,82
Sommerrücken	12,18 ± 0,91	15,63 ± 2,2	7,5	11,50 ± 0,248	2,16
Herbstrücken	15,10 ± 0,76	6,63 ± 1,1	5,0	11,86 ± 0,222	1,87
Winterrücken mit Schwarzrücken	16,02 ± 0,81	5,32 ± 1,0	5,1	12,10 ± 0,297	2,45
Wildkanin, BCB tlp	12,75 ± 1,10	15,22 ± 2,0	8,7	13,43 ± 0,360	2,68
Petit bon	14,22 ± 1,38	15,85 ± 2,5	9,7	13,72 ± 0,276	2,01
PCTC	12,74 ± 1,10	21,35 ± 3,0	8,6		
Graukanin tlp	13,88 ± 1,00	14,43 ± 1,8	6,9	13,66 ± 0,247	1,81
Clapier pur dos	17,31 ± 1,43	7,65 ± 1,0	8,3	14,07 ± 0,305	2,17
Chinchilla/ Cendré	15,24 ± 1,21	12,25 ± 2,0	7,9	13,73 ± 0,262	1,91
Schwarz/ Gardinier	15,17 ± 0,94	11,18 ± 1,6	6,2	13,92 ± 0,207	1,49
Nankin	15,16 ± 0,90	10,69 ± 1,5	5,9	14,04 ± 0,250	1,78
Bariolé tres clair	15,01 ± 1,24	12,09 ± 2,0	8,3	13,73 ± 0,187	1,36
Bariolé normal/bunt	15,14 ± 1,06	12,30 ± 1,9	7,0	13,74 ± 0,230	1,67
Weißkanin tlp	15,53 ± 1,33	12,25 ± 2,0	8,6	13,69 ± 0,311	2,27

Forschungsberichte des Landes Nordrhein-Westfalen

Herausgegeben im Auftrage des Ministerpräsidenten Heinz Kühn
von Staatssekretär Professor Dr. h. c. Dr. E. h. Leo Brandt

Sachgruppenverzeichnis

Acetylen · Schweißtechnik
Acetylene · Welding gracitice
Acétylène · Technique du soudage
Acetileno · Técnica de la soldadura
Ацетилен и техника сварки

Arbeitswissenschaft
Labor science
Science du travail
Trabajo científico
Вопросы трудового процесса

Bau · Steine · Erden
Constructure · Construction material ·
Soil research
Construction · Matériaux de construction ·
Recherche souterraine
La construcción · Materiales de construcción ·
Reconocimiento del suelo
Строительство и строительные материалы

Bergbau
Mining
Exploitation des mines
Minería
Горное дело

Biologie
Biology
Biologie
Biologia
Биология

Chemie
Chemistry
Chimie
Quimica
Химия

Druck · Farbe · Papier · Photographie
Printing · Color · Paper · Photography
Imprimerie · Couleur · Papier · Photographie
Artes gráficas · Color · Papel · Fotografía
Типография · Краски · Бумага · Фотография

Eisenverarbeitende Industrie
Metal working industry
Industrie du fer
Industria del hierro
Металлообработывающая промышленность

Elektrotechnik · Optik
Electrotechnology · Optics
Electrotechnique · Optique
Electrotécnica · Optica
Электротехника и оптика

Energiewirtschaft
Power economy
Energie
Energía
Энергетическое хозяйство

Fahrzeugbau · Gasmotoren
Vehicle construction · Engines
Construction de véhicules · Moteurs
Construcción de vehículos · Motores
Производство транспортных средств

Fertigung
Fabrication
Fabrication
Fabricación
Производство

Funktechnik · Astronomie
Radio engineering · Astronomy
Radiotechnique · Astronomie
Radiotécnica · Astronomía
Радиотехника и астрономия

Gaswirtschaft
Gas economy
Gaz
Gas
Газовое хозяйство

Holzbearbeitung
Wood working
Travail du bois
Trabajo de la madera
Деревообработка

Hüttenwesen · Werkstoffkunde
Metallurgy · Materials research
Métallurgie · Matériaux
Metalurgia · Materiales
Металлургия и материаловедение

Kunststoffe
Plastics
Plastiques
Plásticos
Пластмассы

Luftfahrt · Flugwissenschaft
Aeronautics · Aviation
Aéronautique · Aviation
Aeronáutica · Aviación
Авиация

Luftreinhaltung
Air-cleaning
Purification de l'air
Purificación del aire
Очищение воздуха

Maschinenbau
Machinery
Construction mécanique
Construcción de máquinas
Машиностроительство

Mathematik
Mathematics
Mathématiques
Matemáticas
Математика

Medizin · Pharmakologie
Medicine · Pharmacology
Médecine · Pharmacologie
Medicina · Farmacología
Медицина и фармакология

NE-Metalle
Non-ferrous metal
Metal non ferreux
Metal no ferroso
Цветные металлы

Physik
Physics
Physique
Física
Физика

Rationalisierung
Rationalizing
Rationalisation
Racionalización
Рационализация

Schall · Ultraschall
Sound · Ultrasonics
Son · Ultra-son
Sonido · Ultrasónico
Звук и ультразвук

Schiffahrt
Navigation
Navigation
Navegación
Судоходство

Textilforschung
Textile research
Textiles
Textil
Вопросы текстильной промышленности

Turbinen
Turbines
Turbines
Turbinas
Турбины

Verkehr
Traffic
Trafic
Tráfico
Транспорт

Wirtschaftswissenschaften
Political economy
Economie politique
Ciencias económicas
Экономические науки

Einzelverzeichnis der Sachgruppen bitte anfordern

Westdeutscher Verlag · Köln und Opladen
567 Opladen/Rhld., Ophovener Straße 1–3, Postfach 1620

www.ingramcontent.com/pod-product-compliance
Ingram Content Group UK Ltd.
Pitfield, Milton Keynes, MK11 3LW, UK
UKHW061659190726
13853UKWH00008B/2299

* 9 7 8 3 6 6 3 2 0 0 2 3 9 *